A SIMPLE ANALYSIS

Versión en español, al final de la versión en inglés

The premises on which this analysis is based: in the universe there is no single event, everything repeats itself in a continuous cycle, we do not know if it has always existed or had an origin and if it did, where did it get all the matter from to be able to create it? By pure logic, there was no warehouse from which to take all the matter and consequently it would have to be created without matter, There is only one way to create them without matter, it is that it is only composed of electricity, I analyze that in the part entitled "THE ORIGIN OF THE UNIVERSE".

In general, the main basis on which this analysis is based is common sense and logic or the logic of common sense.

The BIG

BANG is not an explosion, but a violent decompression of the great black hole, in which most of the universe was integrated, below I try to explain my reasoning.

In the lifeline of the universe, we position ourselves at any point, which could be the current situation in which we find ourselves, in the middle of a BIG BANG that is expanding, and that has a little more than 13 billion years of life, in which it has had time for galaxies to form. black holes etc... Let's try to deduce what's going to happen next.

When the current Big Bang has been generated, there is no longer a force that slows down the expansion, because the force of attraction that should slow down the Big Bang no longer exists, it has been decompressed (exploded) and has dissipated, it is necessary for a new center of attraction to be formed, powerful enough, to slow down the expansion and initiate a great Big Crunch.

We are going to see how it is possible that a new force is generated that forces the expanding universe to stop that expansion and start a BIG CRUNCH before the previous BIG BANG is finished. All galaxies have a black hole at their center that has obviously been formed with the stars that have been approaching the center of the galaxy, the size of that black hole is logically proportional to the age of the galaxy, this, over time, that force that forces the stars to join the central black hole will increase exponentially and the speed will increase with The one that will be incorporated into the central black hole, the end will be a gigantic black hole, to which the millions of stars that made up the galaxy and all the stardust that was in the environment have been incorporated, resulting in all the galaxies in the universe ending up in black holes.

These billions of black holes due to the effect of gravity, will end up integrating into a monstrously large one which will be located at any point, which will become the new center of the universe and with its tremendous gravitational force the expanding galaxies that remain to slow them down and start a crunch. meanwhile the great black hole, composed of intensely compressed molecules and a great temperature, over time, reaching a certain temperature, the molecules will disintegrate and at that same moment, when the molecules disintegrate, gravity disappears, a violent decompression begins, a BIG-BANG, that is to say the BIG-BANG is not an explosion but a great and violent decompression, something that was compressed to almost incomprehensible levels, when gravity disappeared due to the disappearance of the molecules, began a very violent decompression, similar to an explosion and everything that remained inside the black hole, a set of atoms that were no longer part of molecules, shot out in all directions, causing a BIG BANG. and usually some galaxies far away will have been left out, this could be the reason for the strange readings of the James Webb telescope.

But also other very distant galaxies that continue to move away that have been detected by the James Webb and that have broken many schemes because the ages assigned to many galaxies have ceased to make sense, it has been proven that some existed long before the BIG BANG, which had no explanation unless we are in a BIG BANG that has been generated before the end of the previous one.

In short, the BIG BANG did not begin from a point of infinite intensity, as some media suggest, which is a physically unfeasible fantasy, but from a monstrous black hole in which most of the universe was included and we have to imagine the interior of that black hole, how the molecules of pressure will be. but they will not cease to be molecules which implies that the great black hole will be immensely large and intensely hot, until the moment that the molecules due to the effect of heat and pressure decompose into atoms, the great black hole ceases to be cohesive by gravity, expands violently and initiating what we know as a BIG BANG.

We are in a BIG BANG within a previous BIG BANG.

FOR THE SAKE OF SIMPLICITY, WE DEDUCE THAT:
* The whole universe is built with a single elementary particle which
we will call protelectron and its base is only electricity and of a wave character, * this particle, depending on its spin, becomes the three particles that will make up the universe, which are the proton, the electron and the neutron.
With a clockwise spin, the protelectron is configured as a positively charged proton and with

a counterclockwise spin it is configured as a negatively charged electron.
The neutron is the protelectron particle without spin, it reaches that situation when the proton and electron meet and the spins are cancelled, they are not destroyed.

GRAVITATIONAL WAVES While I was looking on the Internet for some news that was interesting, I read a news item that appeared on the front page and in big headlines, and it was the following: "finally after many investigations it had been possible to detect a gravitational wave", this news decided me to put this topic in the analysis, as an example of how a news item is promoted in the world of science.

THE JAMES WEBB TELESCOPE

The James Webb telescope has detected galaxies older than 13 thousand or so millennia old, this has to have a logical explanation and I will show a possible theory that justifies this anomaly.

All galaxies have a large black hole at their center, the size of the black hole is almost certain, it is proportional to the age of the galaxy and using logic it is deduced that the end of the galaxy is that it will be engulfed by the central black hole, that will happen with all the galaxies in the universe; they will be engulfed by their central black hole.

Once the galaxy has become a large black hole and many others do too, we find ourselves with a much darker universe than the current one, because most galaxies are now large black holes, which are going to be grouped by the action of gravity into a monstrous black hole that contains a large part of the universe. and galaxies that due to remoteness did not join the final great black hole.

At this point we have a black hole that contains almost the entire universe, the size and density of it is unimaginable and we have no idea how this monstrosity can be kept immutable and for a reason that we will see, this black hole explodes (?) and a new BIG BANG begins, when we are still in the previous one, we have two active BIG BANGs, and these are the ones that the James Webb Telescope has detected that continue to expand and that are older than that assigned to the current BIG BANG.

This theory invalidates the idea of an initial point of infinite intensity, the beginning is a large black hole of an unimaginable density and logically, of a large size.

Theoretical physics has been colonized by many entelechies.

The first direct observation of gravitational waves was achieved on September 14, 2015; the authors of the detection were the scientists of the LIGO and Virgo experiment who, after a thorough analysis of the results, announced the discovery to the public on February 11, 2016.

The definition of gravitational wave refers to a variation of gravity in a gravitationally stable environment, which has been reliably proven in the experiment reviewed in the previous paragraph, I was honestly surprised that it has had to resort to an experiment, possibly, very complicated and expensive.

Here on our humble planet, we have a real proof of a gravitational wave, when the moon and the sun are in line there is an increase in gravity and that would be defined as a gravitational wave, detected with extremely sensitive and effective sensors, such as the oceans and the magnitude can be measured with great precision by the size of the tides.

Having at our disposal all that information about a gravitational wave, which could be followed millisecond by millisecond, and would allow us to create all kinds of sensors to study gravitational waves from outer space, to which I do not see any practical use, just curiosity.

Someone

discovered that you could see stars or galaxies that were hidden behind a star such as the sun, which was intriguing and the physicists of the time began to investigate the subject, the first thing they observed was that the light was bending, they did not know the reason, what they did know is that the light moved in a straight line, Because it was a radiation and under no circumstances could its trajectory be curved, what was happening and how was it possible that the light of a star was making a curved movement in its trajectory towards the Earth? They deduced that something was forcing it to curve and
they deduced that it had to be gravity.

But they knew that gravity did not affect a wave and light was a wave, whose frequency range was known and at that time the existence of the ether of space was unconfirmed, someone very intelligent designed something he called; space-time to justify that apparently curved movement of the rays of light from the stars or from any luminous star, He explained that the space around the Sun was bending, as a result of its gravity and that even though the light was still traveling in a straight line, it was actually following the contour of the Sun and was actually following a curved path.

Although there is another possibility to justify this curved movement, not as elegant and spectacular as space-time, but more logical and somewhat more real, the acceptance of the existence of the ether of space, although I have read that a physicist has assumed that light propagates in a vacuum, resting on itself and it would not be necessary to have any magnetic base on which to move, I don't think it's possible, light needs one to move on.

If the ether option were accepted, the curvature of the light journey would be feasible because when light circulates through the ether and as it is affected by gravity, as demonstrated in the process of black holes, the ether
would be affected in the environment of the sun, bending its trajectory and as light travels through the ether. it would also curve.

There is something that has caught my attention; The atom has been studied in depth for more than 100 years, it has been cut into parts, those parts have been made to collide at very high speeds etc... however, to something as important and perhaps more so as molecules, no one has bothered to analyze them in depth.   When two or more atoms come together to form a molecule, a change of great importance occurs, the atoms become part of something new without losing their identity, they become something identifiable, something tangible, for example if they join enough gold atoms to create a molecule, the change that is made is of extreme importance, Something we know as gold is created and despite being something totally electric, they are only atoms, an incredible transformation occurs, a set of atoms becomes a gold molecule and at that moment it is affected by gravity and also acquires weight despite being composed of only atoms.

When a number of atoms become a molecule, something very important happens, a new force appears, gravity, the molecule now generates a force and in turn is attracted by the surrounding gravity and then the molecule shows that it has a weight, mass is the symbolic conversion of that weight, it is not that it weighs because it has mass, It weighs because it is attracted by gravity, mass physically cannot exist in the universe. The earth has its own gravity, it is generated by the planet itself, it is proven and quantified in detail and we have physical proof of its existence, for example, the earth attracts me with a force of 80 Kg. (it is my weight) and at another level it has trapped the Moon in its gravity, in short, the earth produces a gravity and now we will try to analyze how it does it: What is planet earth made of? It is composed of molecules of almost all the elements of the periodic table in different proportions, sometimes in a pure state and others combined with other elements, but always as molecules. First conclusion, Each of the molecules that make up planet earth, produce a force of attraction in all directions that are transmitted through the ether, even through the earth itself, that is to say that the attraction generated by a molecule at any point on the earth, joins the attractions of all the other molecules and with a particularity, This attraction is cumulative, that is, all the attractions of the other molecules are added together to form a general attraction. Another conclusion: It has always been accepted that the force of gravity attracted us to the center of the planet, which is not true, for example, it attracts me with the accumulated force of all, absolutely all, the molecules of the planet, wherever they are.

When I'm analyzing something, to look for help I usually go on the Internet and sometimes I find help, but in the case of molecules, there is nothing interesting, it seems as if the world is not interested in the subject of molecules, I have searched if anyone had any idea when they appear or how they are formed, there is absolutely no information, The reality is that molecules are all around us, the whole planet Earth and all stellar objects are built with molecules and apparently there is no one interested in how they have formed.

The molecular world opens up before us with a great impact, because everything that surrounds us, including almost the entire universe in a molecular world, I say almost because in the universe there must be many atoms that have not yet become molecules, mainly hydrogen atoms created sporadically to keep the universe at a stable size and the results of those that have been cooked in the stars and that when they are not the same, they are able to become molecules. They have come to an end, exploding and spreading the new atoms and molecules in various proportions throughout the universe, of all the elements of the periodic table.

When I was little I was intrigued by how my body knew how much an eyelash or an eyebrow should grow to be the appropriate size and I deduced that body
had created follicles with a certain growth speed and every so often, by which the eyelash or eyebrow grew, canceled the follicles and generated new ones, With the universe I think it has created an automatic process, it creates a constant number of hydrogen atoms and if there are many atoms many hydrogen molecules are generated, and those molecules form more stars, which dissipate more energy, balancing the matter of the universe in an automatic way. I think that gravity is related to molecules, I believe in something that begins at the moment the molecule is formed, let's say that it is a molecular attraction that expands, through the ether, in all directions and is a new force to study and parameterize.

The atom has been studied exhaustively, reaching extremely complex levels, but I have not found much about molecules, when it should be as important or perhaps more important than the study of the atom, since the universe is built entirely with molecules.

Just like there's something called "Particle Physics," there should be a section called "Molecule Physics."

When a molecule is formed, whatever it is, a solid structure is created with characteristics that are related to the number of atoms and how complex their nuclei are and which will also influence the force of attraction, translated into its contribution to the gravity of which it will be part and as in a universe formed by electricity and full of ether, nothing is transmitted if it is not through the ether and therefore at the speed that the ether allows, which I do not believe is that of light, because we are not clear about the definition of the force of gravity, we do not know at what speed the ether will allow it to travel.

There is no attraction to the center of the planet, but all the molecules that make up the planet or the stellar body exert their attraction on any external point and it is the sum of all the individual attractions of all the molecules and in the case of an internal point, the resulting traction
will be the resultant between the attractions of one part minus those resulting from the attractions of the opposite part.

In short; all that external attraction is gravity and I believe that if it is a force, all the attraction that I suffer as a person (which is approximately 80 Kgs.) is the result of the sum of all the attractions of all the molecules of planet earth, absolutely all of them.

Another summary; The force of gravity is produced by the set of all molecules of a stellar object, the force provided by each molecule will depend on the type of molecule, for example, an iron molecule will provide more force of attraction than a sodium one, but they all add up to the total gravity of the object.

There has always been the idea that the attraction, in this case of planet earth, is towards the center of the planet, but it is not like that, the attraction is exerted towards all the molecules of the planet, wherever they are, all the forces of attraction of each molecule are added and all that force attracts me with a force of 80 kg and I attract the planet with the force of a few nanograms.
Why does the moon revolve around the earth? The Moon is hooked to the gravity of the Earth, when the Earth rotates, gravity also rotates and forces the Moon to accompany it in the rotation, it also happens with the Sun and the planets etc... And if in the event that a moon rotates in the opposite direction to the rotation of the planet it orbits, it is

possible that it has hooked the planet in a casual way and that it will probably fall towards the planet in the near future.

The weight of a molecule is generated by the surrounding gravity and by the type of atoms that make up the molecule. The molecule has weight, not mass, and in a wrong way weight is confused with mass and becomes, in an erroneous way, weight into mass.

Final summary. A molecule is something more than a set of atoms that form a particle of an element or a set of elements and that at that moment acquires weight, even if it has no mass, it acquires it because it is affected by the surrounding gravity and in turn a force of attraction to the outside in a wave format (*) is initiated in it and that moves through the ether at a speed that is It could find out with the help of gravitational waves generated by the superposition of the forces of gravity of the Sun and the Moon on planet Earth.

* What electromagnetic force exists in the universe that generates a force of attraction on molecules of any polarity, even if it is organic?, there are only two known; gravity and static electricity, it is logical to think that both have the same format, summarizing; gravity is a powerful form of static electricity and also has like static electricity, a cumulative format.

THE ORIGIN OF THE UNIVERSE PREMISE:

We are in a BIG BANG within a previous BIG BANG.

We have two options or the universe has always existed, which, for the human mind is difficult to assume, because we understand eternity into the future because it is something that has been instilled in us since childhood through religious teachings, but not back in the past, we have been taught that everything must have an origin or that everything has had an origin.

From what we know of the universe, it is so immense, that it is difficult to imagine a creation which would be difficult to execute even for a god, of which we have had many over the millennia, in all the civilizations that have existed on this planet and all in general have attributed the creation of the universe with more or less imagination.

The known universe is so enormously large that it is difficult to imagine that the matter that apparently composes it has come from somewhere, only a universe that does not contain any matter would be acceptable, in this case it would only be viable if everything was only electricity.

We will start at the origin we have, nothingness, we suppose that nothing is not satisfied with being as nothing and will try to fill itself with something, that since it does not have something tangible to use, it will try to use something that it can manufacture without using something material and the only way is to generate an electric particle spontaneously, In the universe everything rotates, it is logical to think that this newly created particle also does it, if it rotates clockwise, it will be a proton and if it does it in the opposite direction it will be an electron, I do not know the mechanism that manages to balance the number of electrons and protons but nature always finds a way, In this case there will be a mechanism that regulates this, once this procedure is underway we have the universe full of protons and electrons and they will naturally pair up forming hydrogen atoms but the hydrogen atom cannot subsist in an environment like nothing, it needs something that allows it to maintain itself, such as a box or electrical support and in this case, it is the ether.

I have no idea how the ether appears but it is essential that it appears for the atom to consolidate and survive, this first atom could be said to be the origin of the universe, this atom is generated spontaneously and many more will be generated, the more they are generated the larger the universe becomes, I don't know how many were generated but it doesn't matter much because something that the universe has is time, as many as it needs, trillions of millennia or possibly many more and it is possible that hydrogen atoms are still being created today, balancing the losses due to dissipation in energy.

I believe that the ether filled the universe before the first atom was created.

Once the universe was filled with hydrogen atoms and also filled with ether, it is logical that hydrogen molecules would form naturally and that all stars would be formed with all the available molecules, in this first phase all the stars would be hydrogen molecules and in the process of life of the star the atoms of the different components of the periodic table would be cooked.

The universe is alive and there is a very large amount of molecular components that are converted into energy, which is dissipated, for example the stars and that, if the universe did not replace it, it would have already been completely consumed, to avoid this the process of creating hydrogen atoms must continue to work, hydrogen atoms appearing continuously in various places of the universe, Surely the universe will have a mechanism to detect areas of low density to repopulate it by generating hydrogen atoms in an automatic way or simply hydrogen atoms would always be generated in a fixed amount, and the stars that are created with these excess atoms would be in charge of balancing the universe with their energy dissipations.

ABSTRACT

Another BIG BANG has been generated within the current one, this clarifies the telescope readings.

BLACK HOLES

The existence of black holes is accepted, if a star has such a great gravity that it compresses the ether inside the star, making it difficult in some way for photons to circulate through it, the photons that circulate can accumulate, a photon cannot be compressed, and if that compression of the ether is not released they cannot leave and the star stops emitting light and darkens completely. becoming a black hole.

The only way that gravity has to influence light is on its support, which is the ether, and it is conclusive, gravity somehow affects the ether, modifying the fluidity of the movement of photons.

This conversion is not done instantaneously; as the star increases in density, it can reach a point where changes are made in its luminosity which must be visible to an observer, on its way to becoming a black hole and increase its density as it engulfs other stellar bodies, at this point is when pulsars appear. which I think are black holes in the process of creation. When I read the definition of a pulsar, I could not believe that a star, no matter how dense it was, rotated at more than 60,000 revolutions per minute and that it was not destroyed by the centrifugal force and that on its surface there was something very luminous and that it showed itself once per spin; it was not credible.

I think that a pulsar in a black hole in a state of creation, let me explain; When a star is increasing its density as a result of engulfing other stellar bodies and its gravity increases to the point that its event horizon is located at a distance from the body of the star, this has to affect the ether through which the radiation of the luminosity of the star is circulating, I don't know the mechanism, But I can observe the result, something similar to what happens when the sound barrier is broken, the ether accumulates but continues to advance towards the outside of the star and when it exceeds the event horizon, the ether is released and the result is a flash, or rather, a photonazo. The farther away the event horizon is located, the slower the pulsar becomes, even if it is far enough away, the ether will never reach it and at that moment the creation of the black hole is confirmed. It's just a theory, I think it's reasonable.

The

news that the universe was expanding in an accelerated way spread throughout the world and was accepted immediately, mainly for religious reasons because they thought that this made the BIG BANG a unique event and could be interpreted as the act of creation, on a religious level.

I assume that the acceleration is confirmed by reliable observations. In the life of the universe there cannot be a single event, everything has to be repetitive, if it were not like that the universe would not exist, it would have ended a long time ago.

In the universe everything rotates, stars, planets, galaxies, electrons, protons, etc...., it would be logical to think that the same universe also rotates, with this we would have already solved the issue of acceleration, since a centrifugal force would be generated
that would justify the observed acceleration.

CERN.LHC

According to CERN, blocks of protons have been accelerated to almost the speed of light, in both directions and they have been made to collide, to find new particles, you know what is seduced by this "THE ABSOLUTE CERTAINTY

THAT PROTONS HAVE NO MASS", because if they had mass when colliding, they would have dissipated such an amount of energy that they would have physically eroded the entire LHC and other consideration, If protons had mass, it would have been very, very difficult and took a lot of time and energy to accelerate them to the speed of close to the speed of light.

This would be a good procedure to find out if a particle has mass; if it can be easily accelerated to close to the speed of light, it means masslessness.

There is something that CERN should try, and that is to accelerate a molecule, it could be the simplest, the hydrogen molecule that would be made up of two atoms or perhaps the water molecule, by three, because it is more popular if it manages to accelerate it, I think it would be one of the most important advances in the history of science and would confirm the usefulness of the LHC.

For example, depending on the difficulties we encounter when accelerating a water molecule, we could find out if the molecule has mass, I assume that it has no mass but it does have weight, because it is under the control of gravity, this gives rise to many subsequent investigations.

I have a tremendous suspicion, if protons have no mass and are just a vibrating electric particle, when they collide what they produce are small pieces or vibrating harmonics and sparks, in no way, identifiable particles, that is; sparks, many of these pieces have been identified as particles that have been given names with the intention of justifying the existence of the LHC, But they have created a few particles to which they have assigned fictitious properties, I am referring to quarks, bosons, tetraquarks and others, I hope I am wrong.

It has caught my attention that particle physics has been developed without taking into account the ether of space, where photons circulate, atoms are accommodated and is the support of the lines of force etc... and that its existence has been assumed despite the fact that it has not been confirmed in a reliable way and as it is lacking it wants to be replaced by something called field, it would be more logical to see how to confirm its existence or deduce it.

TIME DILATION

Time runs throughout the universe equally, it cannot be dilated in a certain space, can you imagine someone or something, that in a certain place of the universe, by the result of a bold formula, would result in an object dilating time, would it expand throughout the universe or only in the environment of the event? Time is untouchable and nothing and no one can modify it because it is intangible, it passes unstoppable.

The modification of the time of an object moving near the speed of light is not applicable, the story that a person who travels through space for a long time and when he returns to earth finds that much more time has passed than he has been away, is a fantasy and it is not true. The time is the same for the person who has been traveling as it is for Earth time.

GPS POSITIONING ERRORS GPS receivers

improve accuracy by comparing the signal from satellites with the position of terrestrial antennas, which is well known with maximum accuracy. As long as the stationary GPS receiver detects the same signals, satellite as your GPS receiver can send you correction data based on your exact studied location.

There is a possible solution to GPS positioning errors, it is assumed that GPS signals move at the speed of light, what if it were not true and the signals did not move at the speed of light? The speed of light has been accepted as a universal constant, but I believe that the speed at which GPS signals move depends on the frequency of the signal that it is possibly different from the speed of light, and that this difference is to blame for the positioning errors of the current GPS and its precision limited in meters, when it should be millimeters.

A LITTLE FANTASY. If we were to find out how the inside of the molecule works and we could modify some of its characteristics, for example its connection with gravity, we could make something of iron that weighed as if it were aluminum or fantasizing, something almost weightless.

JTL

jtl001403@gmail.com

UN ANÁLISIS SIMPLE

Las premisas sobre las que se apoya este análisis: en el universo no ha hay un evento único, todo se repite en un ciclo continuo, no sabemos si ha existido siempre o tubo un origen y si lo tuvo, de donde sacó toda la materia para poder crearlo? por pura lógica, no había un almacén de donde sacar toda la materia y en consecuencia habría que crearlo sin materia, solo hay una manera de crearlo sin materia, es que solo se componga de electricidad, eso lo analizo en la parte que título "EL ORIGEN DEL UNIVERSO".

En general la base principal en que se apoya este análisis es el sentido común y la lógica o en la lógica del sentido común.

EL BING BANG

El BIG BANG no es una explosión, si no una violenta descompresión del gran agujero negro, en el cual estaba integrado la mayor parte del universo, a continuación trato de explicar mi razonamiento.

En la línea de vida del universo, nos posicionamos en un punto cualquiera, que pudiera ser la situación actual en la que nos encontramos, en medio de un BIG BANG que se está expandiendo, y que tiene de

vida algo mas de 13 mil millones
de años, en los cuales a tenido tiempo para que
formen galaxias, agujeros negros
etc... vamos a tratar de deducir lo que va a pasar a
continuación.

Cuando se ha generado el BIG BANG actual, ya no
existe una fuerza que frene
la expansión pues la fuerza de atracción que
debería frenar el BIG BANG ya no
existe, se ha descomprimido(explosionado) y se ha
disipado, es necesario que
se forme un nuevo centro de atracción, lo suficiente
potente, para que frene la
expansión y se inicie un gran BIG CRUNCH.

Vamos a ver como es posible que se genere un
nueva fuerza que obligue al
universo en expansión a que frene esa expansión y
se inicie un BIG CRUNCH antes
que se finalice el anterior BIG BANG.

Todas las galaxias tienen un agujero negro en su
centro que obviamente se ha
formado con las estrellas que se han ido acercando
al centro de la galaxia, el
tamaño de ese agujero negro es por lógica
proporcional a la edad de la galaxia,
esto, con el tiempo, esa fuerza que obliga a que las
estrellas se incorporaren
al agujero negro central se irá incrementando de

una manera exponencial y se
incrementará la velocidad con la que se irá
incorporando la galaxia al agujero
negro central, el final será un gigantesco agujero
negro, al que sen han
incorporado los millones de estrellas que
componían la galaxia y todo el polvo
estelar que estaba en el entorno, resultando que
todas las galaxias del universo
acaban en agujeros negros.

Estos miles de millones de agujeros negros por
efecto de la gravedad,
acabaran integrándose en uno monstruosamente
grande el cual estará situado en
cualquier punto, el cual se convertirá en el nuevo
centro del universo y que
con su tremenda fuerza gravitatoria forzará a las
galaxias en expansión que
queden a frenarlas e iniciar un crunch, mientras
tanto el gran agujero negro,
compuesto por moléculas intensamente
comprimidas y una gran temperatura, con
el tiempo, alcanzando una determinada
temperatura, las moléculas se llegarán
a desintegrar y en ese mismo momento, al
desintegrarse las moléculas, la
gravedad desaparece, se inicia una violenta
descompresión, un BIG-BANG, es
decir el BIG-BANG no es una explosión sino una
gran y violenta descompresión,

algo que estaba comprimido a unos niveles casi incomprensibles, al desaparecer la gravedad por las desaparición de las moléculas, inicia una descompresión muy violenta, semejante a una explosión y todo que quedaba dentro del agujero negros, un conjunto de átomos que no ya no formaban parte de moléculas, salen disparados en todas las direcciones, originando un BIG BANG. y normalmente habrá quedado fuera alguna galaxia muy lejana, esta podría ser la razón de las extrañas lecturas del telescopio James Webb.

Pero también otras galaxias muy lejanas que se siguen alejando que ha detectado el James Webb y que han roto muchos esquemas pues han dejado de tener sentido las edades asignadas a muchas galaxias, se ha comprobado que algunas existían mucho antes del BIG BANG, lo cual no tenia explicación menos que estemos en un BIG BANG que se haya generado antes de que termine el anterior.

En definitiva, no se inició el BIG BANG desde un punto de infinita intensidad, como sugieren algunos medios, lo cual, es una fantasía físicamente inviable, sino desde un monstruoso agujero negro

en el cual estaba incluido la
mayor parte del universo y hay que imaginarse el
interior de ese agujero negro,
como estarán las moléculas de presionadas, pero
no dejarán de ser moléculas lo
cual implica que el gran agujero negro será
inmensamente grande e intensamente
caliente, hasta en el momento que las moléculas
por efecto del calor y la
presión se descomponen en átomos, el gran
agujero negro deja de estar
cohesionado por la gravedad, se expansiona
violentamente e iniciando lo que
conocemos como un BIG BANG.

Estamos en un BIG BANG dentro de otro BIG
BANG anterior.

EN ARAS DE LA SIMPLICIDAD, DEDUCIMOS QUE:

*

Todo el universo está construido con una sola
partícula elemental a la cual
llamaremos protelectrón y su base es solo
electricidad y de carácter ondulatorio,

*

esta partícula dependiendo de su spin se convierte
en las tres partículas que
van a configurar el universo que son el protón, el

electrón y el neutrón.

Con un spin en el sentido de las agujas del reloj, el protelectrón se
configura como un protón con carga positiva y con un spin en sentido contrario
a las agujas del reloj se configura como un electrón con carga negativa.

El neutrón es la partícula protelectrón sin spin, llega a esa situación
cuando se encuentran el protón y el electrón y se anulan los spins, no se
destruyen.

ONDAS GRAVITATORIAS

Mientras buscaba en Internet alguna noticia que fuera interesante, leí una
noticia que aparecía a toda plana y en grandes titulares, y era la siguiente:
"por fin después de muchas investigaciones se había logrado detectar una onda
gravitatoria", esta noticia me decidió a poner este tema en el análisis, como
muestra de como se promociona una noticia en el mundo de la ciencia.

EL TELESCOPIO JAMES WEBB

El telescopio James Webb ha detectado galaxias

con mas edad de 13 mil y pico
de milenios de edad, esto tiene que tener una
explicación lógica y voy a mostrar
una posible teoría que justifica esta anomalía.

Todas las galaxias tienen un gran agujero negros en su centro, el tamaño del
agujero negro es casi seguro, es proporcional a la edad de la galaxia y
utilizando la lógica es deducible que el final de la galaxia es que será
engullida por el agujero negro central, eso ocurrirá con el total de las
galaxias del universo; serán engullidas por su agujero negro central.

Una vez que la galaxia se ha convertido en un gran agujero negro y muchísimas
otras también lo hagan, nos encontramos con un universo mucho mas oscuro que el
actual, pues la mayoría de las galaxias ahora son grandes agujeros negros, los
cuales se van a ir agrupando por la acción de la gravedad en un monstruoso
agujero negro que contiene gran parte del universo, y galaxias que por lejanía
no llegaron unirse al gran agujero negro final.

En este punto tenemos a un agujero negro que contiene casi todo el universo,
es inimaginable el tamaño y la densidad del mismo

y no tenemos ni idea como se puede mantener esta monstruosidad inmutable y por una razón que ya veremos, este agujero negro explota(?) y se inicia un nuevo BIG BANG, cuando todavía estamos en el anterior, tenemos dos BIG BANG activos, y estas son las que telescopio James Webb ha detectado que siguen expandiéndose y que tienen una edad superior a la que se le asigna al BIG BANG en curso.

Esta teoría invalida la idea un punto inicial de intensidad infinita, el principio es un gran agujero negro de una densidad inimaginable y lógicamente, de un gran tamaño.

La física teórica ha sido colonizada por muchas entelequias.

La primera observación directa de las ondas gravitatorias se logró el 14 de septiembre de 2015; los autores de la detección fueron los científicos del experimento LIGO y Virgo que, tras un análisis minucioso de los resultados, anunciaron el descubrimiento al publico el 11 de febrero del 2016.

La definición de onda gravitatoria se refiere a una variación de la gravedad

en un entorno estable gravitacionalmente, que se ha comprobado de una manera
fehaciente en el experimento reseñado en el párrafo anterior, sinceramente me
sorprendió que se haya tenido que recurrir a un experimento, posiblemente, muy
complicado y caro.

Aquí en nuestro humilde planeta, tenemos una prueba real de una onda
gravitatoria, cuando la luna y el sol se sitúan en linea se produce un
incremento de la gravedad y que seria definido como onda gravitatoria,
detectada con unos sensores sumamente sensibles y efectivos, como son los
océanos y la magnitud la podemos medir con gran precisión por el tamaño
de las mareas.

Teniendo a nuestra disposición toda esa información sobre una onda
gravitatorias, la cual se podría seguir milisegundo a milisegundo, y permitiría
crear todo tipo de sensor para estudiar ondas gravitatorias del espacio exterior,
a lo cual no le veo ninguna utilidad práctica, simplemente curiosidad.

Alguien descubrió que se podían ver estrellas o galaxias que estaban ocultas
detrás de un astro como por ejemplo, el sol, lo cual era intrigante y los
físicos de la época empezaron a investigar el tema, lo primero que observaron
fue que la luz se curvaba, no sabían la razón, lo que sí sabían es que la luz se
desplazaba en linea recta, pues era una radiación y bajo ningún concepto se
podía curvar su trayectoria, ¿que es lo que estaba pasando y como era posible
que la luz de una estrella estuviera realizando un movimiento curvo en su
trayectoria hacia la tierra¿ dedujeron que algo la estaba forzando a curvase y
dedujeron que tenia que ser la gravedad.

Pero sabían que la gravedad no afectaba a una onda y la luz era una onda, de
la cual se conocía su rango de frecuencias y en ese momento estaba sin confirmar
la existencia del éter del espacio,alguien muy inteligente diseñó algo a lo que
llamó; espacio-tiempo para justificar ese movimiento aparentemente curvo de los
rayos de luz de las estrellas o de cualquier astro luminoso, explicó que el
espacio alrededor del sol se curvaba, a consecuencia de la gravedad del mismo y

que eso a pesar de que la luz seguía viajando en linea recta, realidad estaba
siguiendo el contorno del sol y realmente estaba siguiendo una trayectoria curva.

Aunque existe otra posibilidad de justificar ese movimiento curvo, no tan
elegante y espectacular como el espacio-tiempo, pero sí mas lógico y algo mas
real, la aceptación de existencia del éter del espacio, aunque he leído que un
físico a asumido que la luz se propaga en el vacío, apoyándose sobre si misma y
no seria necesario ninguna base magnética sobre la que desplazarse, no lo creo
posible, la luz necesita una sobre la que desplazarse.

Si se aceptara la opción del éter, la curvatura del viaje de la luz, sería
factible pues al circular la luz a través del éter y como a éste si le afecta
la gravedad, como está demostrado en el proceso de los agujeros negros, el éter
si seria afectado en el entorno del sol, curvando su trayectoria y como la luz
viaja por el éter, también se curvaría .

Hay algo que si me ha llamado la atención; El átomo se ha estudiado a fondo
durante mas de 100 años, se le ha troceado en

partes, esas partes se las hecho
colisionar a muy altas velocidades etc... sin embargo
a algo tan importante y
quizás mas como son las moléculas, nadie se ha
ocupado de analizarlas a fondo.

Cuando se juntan dos o mas átomos para formar
una molécula se produce un
cambio de una gran importancia, los átomos pasan
a formar parte de algo nuevo
sin perder su identidad, se convierten en algo
identificable, algo tangible,
por ejemplo si unen los suficientes átomos de oro
para crear una molécula, el
cambio que se realiza es de una importancia
extrema, se crea algo que conocemos
como oro y a pesar de ser algo totalmente eléctrico,
solo son átomos, se produce
una transformación increíble, un conjunto de
átomos pasa a ser una molécula de
oro y en ese momento le afecta la gravedad y
también adquiere peso a pesar de
estar compuesta de solo átomos.

Cuando una cantidad de átomos se convierten en
una molécula, ocurre algo muy
importante, aparece una nueva fuerza, la gravedad,
la molécula ahora genera una
fuerza y su vez es atraída por la gravedad
circundante y entonces la molécula
muestra que tiene un peso, la masa es la conversión

simbólica de ese peso, no
es que pese porque tiene masa, pesa porque es atraída por la gravedad, la masa
físicamente no puede existir en el universo.

La tierra tiene gravedad propia, la genera el propio planeta, esta comprobada
y cuantificada con todo detalle y tenemos pruebas físicas de su existencia, por
ejemplo, la tierra me atrae con una fuerza de 80 Kg. (es mi peso) y a otro nivel
tiene atrapada a la Luna en su gravedad, en definitiva, la tierra produce una
gravedad y ahora trataremos de analizar como lo hace: ¿De que esta constituido
el planeta tierra?; Esta compuesto por moléculas de casi todos los elementos de
la tabla periódica en distintas proporciones, unas veces en estado puro y otros
combinados con otros elementos, pero siempre como moléculas.

Primera conclusión, Cada una de las moléculas que conforman el planeta
tierra, producen una fuerza de atracción en todas las direcciones que se
transmiten por el éter, inclusive a través de la misma tierra, es decir que la
atracción que genera una molécula en cualquier punto de la tierra, se une a las
atracciones de todas las demás moléculas y con una

particularidad, esta
atracción es acumulable es decir se suman todas las atracciones de las otras
moléculas conformando una atracción general.

Otra conclusión: Siempre se ha aceptado que la fuerza de la gravedad nos
atraía hacia el centro del planeta, lo cual no es verdad, por ejemplo, a mi me
atrae con la fuerza acumulada de todas, absolutamente todas, las moléculas del
planeta, estén donde estén.

Cuanto estoy analizando algo, para buscar ayuda suelo entrar en Internet y
a veces encuentro ayuda, pero en el caso de las moléculas, no hay nada
interesante, parece como si al mundo no le interesara el tema de las moléculas,
he buscado si alguien tenia idea de cuando aparecen o como se forman, no hay
absolutamente ninguna información, la realidad es que las moléculas están a
nuestro alrededor, todo el planeta tierra y todos los objetos estelares están
construidos con moléculas y al parecer no hay nadie interesado en como se han
formado.

El mundo molecular se abre ante nosotros con un gran impacto, pues todo lo

que nos rodea, incluyendo casi todo el universo en un mundo molecular, digo casi
por que en el universo tiene que haber muchos átomos que todavía no se han
convertido en moléculas, principalmente átomos de hidrógeno creados
esporádicamente para mantener el universo en un tamaño estable y los resultantes
de los que se han cocinado en las estrellas y que cuando han llegado a su final,
explotando y esparciendo los nuevos átomos y moléculas en diversas proporciones
por todo el universo, de todos los elementos de la tabla periódica.

Cuando era pequeño me intrigaba como sabia mi cuerpo cuanto debería crecer
una pestaña o una ceja para que tuviera el tamaño apropiado y deduje que cuerpo
había creado unos folículos con una velocidad crecimiento determinada y cada
cierto tiempo, por el cual crecía la pestaña o la ceja, cancelaba los folículos
y generaba unos nuevos, con el universo pienso que ha creado un proceso
automático, crea una cantidad de átomos de hidrógeno constante y si hay muchos
átomos se generan muchas moléculas de hidrógeno, y esas moléculas forman mas estrellas, las cuales disipan mas energía, equilibrando la materia del universo

de una manera automática.

Pienso que la gravedad esta relacionada con las moléculas, creo en algo que
se inicia en el momento que se forma la molécula, digamos que es una atracción
molecular que se expande, a través del éter, en todas las direcciones y es una
nueva fuerza a estudiar y parametrizar.

Se ha estudiado el átomo de una manera exhaustiva llegando a niveles
extremadamente complejos, pero sobre las moléculas no he encontrado gran cosa,
cuando debería ser tan importante o quizás mas importante que el estudio del
átomo, pues el universo esta construido totalmente con moléculas.

Al igual que hay algo llamado "Física de partículas", debería haber un
apartado denominado "Física de moléculas".

Cuando se forma una molécula, la que sea, se crea una estructura solida con
unas características que están relacionadas con la cantidad de átomos y lo
complejos que sean sus núcleos y lo que también influirá en la fuerza de
atracción, traducido a su aportación a la gravedad de la que formara parte y

como en un universo formado por electricidad y lleno de éter, nada se transmite si no es a través del éter y por lo tanto a la velocidad que permita el éter, que no creo que sea la de la luz, pues al no tener clara la definición de la fuerza de la gravedad, no sabemos a que velocidad permitirá el éter que viaje.

No existe una atracción hacia el centro del planeta, sino que todas las moléculas que integran el planeta o el cuerpo estelar ejercen su atracción sobre cualquier punto externo y es la suma de todas las atracciones individuales de todas las moléculas y en el caso de un punto interno, la tracción resultante será la resultante entre las atracciones de una parte menos las resultantes de las atracciones de la parte enfrentada.

En resumen; toda esa atracción externa es la gravedad y creo que si es una fuerza, toda la atracción que sufro yo como persona (que es aproximadamente 80 Kgs.) es el resultado de suma de todas las atracciones de todas las moléculas del planeta tierra, absolutamente todas.

Otro resumen;

La fuerza de la gravedad la producen el conjunto

de todas moléculas de un
objeto estelar, la fuerza que aporte cada molécula
dependerá del tipo de
molécula, por ejemplo, una molécula de hierro
aportara mas fuerza de atracción
que una de sodio, pero todas se suman al total de la
gravedad del objeto.

Siempre se ha tenido la idea de que la atracción,
en este caso del planeta
tierra, se realiza hacia el centro del planeta, pero no
es así, la atracción se
ejerce hacia todas las moléculas del planeta, estén
donde estén, se suman todas
fuerzas de atracción de cada molécula y toda esa
fuerza me atrae con una fuerza
de 80 kg y yo atraigo al planeta con la fuerza de
unos pocos nanogramos.

¿Por que gira la luna alrededor de la tierra?; la
luna esta enganchada a la
gravedad de la tierra, al girar la tierra, también gira
la gravedad y obliga a
la luna a acompañarla en el giro, también pasa con
el sol y los planetas etc...y
si de un caso de que una luna gire en sentido
contrario al giro del planeta al
cual órbita, es posible que haya enganchado al
planeta de una manera casual y
que probablemente caiga hacia el planeta en un
futuro próximo.

El peso de una molécula lo genera la gravedad circundante y por el tipo de átomos que configuran la molécula.

La molécula tiene peso, no masa y de una manera errónea se confunde peso con masa y se convierte, de una manera errónea, peso en masa.

Resumen final.

Una molécula es algo más que un conjunto de átomos que forman una partícula de un elemento o de un conjunto de elementos y que en ese momento adquiere peso, aunque no tenga masa, lo adquiere porque se ve afectada por la gravedad circundante y a su vez se inicia en ella una fuerza de atracción al exterior en un formato de onda(*) y que se desplaza por el éter a una velocidad que se podría averiguar con ayuda de las ondas gravitatorias generadas por la superposición de las fuerzas de la gravedad del sol y la luna sobre el planeta tierra.

* ¿Que fuerza electromagnética existe en el universo que genera una fuerza de atracción sobre las moléculas de cualquier polaridad, aunque sea orgánica?, solo

hay dos conocidas; la gravedad y la electricidad estática, es lógico pensar que ambas tienen el mismo formato, resumiendo; la gravedad es una forma de electricidad estática de gran alcance y también tiene como la electricidad estática, un formato acumulativo.

EL ORIGEN DEL UNIVERSO

PREMISA:

Estamos en un BIG BANG dentro de otro BIG BANG anterior.

Tenemos dos opciones o el universo ha existido siempre, lo cual, para la mente humana es difícil de asumir, pues entendemos la eternidad hacia el futuro pues es algo que nos han estado inculcando desde niños a través de las enseñanzas religiosas, pero no hacia atrás en el pasado, nos han estado enseñando que todo debe tener un origen o que todo ha tenido un origen.

Por lo que conocemos del universo, es tan inmenso, que es difícil imaginar una creación la cual seria difícil de ejecutar hasta para un dios, de los cuales hemos tenido muchos a lo largo de los milenios, en

todas las civilizaciones que
han existido en este planeta y todas en general se
han atribuido la creación del
universo con mas o menos imaginación.

El universo conocido es tan enormemente grande
que es difícil imaginar que
la materia que aparentemente lo compone haya
salido de algún sitio, solo seria
aceptable un universo que no contenga nada de
materia, en este caso solo seria
viable si todo fuera solamente electricidad.

Partiremos en el origen que tenemos, la nada,
suponemos que a la nada no le
satisface estar como nada e intentara llenarse con
algo, que como no tiene algo
tangible para usar, tratara de utilizar algo que pueda
fabricar sin usar algo
material y la única manera es como por ejemplo
generar una partícula eléctrica de
manera espontánea, en el universo todo gira, es
lógico pensar que esta partícula
de nueva creación también lo haga, si gira en
dirección de las manillas del
reloj, será un protón y si lo hace en dirección
opuesta será un electrón, no sé
el mecanismo que consiga equilibrar la cantidad de
electrones y protones pero la
naturaleza siempre encuentra la manera, en este
caso habrá un mecanismo que

regule esto, una vez este procedimiento en marcha tenemos el universo lleno de
protones y electrones y naturalmente se emparejaran formando átomos de hidrógeno
pero el átomo de hidrógeno no puede subsistir en un entorno como la nada,
necesita algo que le permita mantenerse, como una caja o soporte eléctrico y
este caso, es el éter.

No tengo ni idea como aparece el éter pero es imprescindible que aparezca
para que se consolide y sobreviva el átomo, este primer átomo se podría decir
que el origen del universo, este átomo se genera de forma espontánea y se
generaran muchos mas, cuanto mas se generen mas grande se hace el universo,
no sé cuantos se generaron pero no importa mucho porque algo que tiene el
universo es tiempo, todo el que necesite, trillones de milenios o posiblemente
muchos más y es posible que hoy día se sigan creando átomos de hidrógeno,
equilibrando las perdidas por disipación en energía.

Creo que el éter llenó el universo antes de que se creara el primer átomo.

Una vez lleno de átomos de hidrógeno el universo y también lleno de éter, lo

lógico es que se formaran de una manera natural
las moléculas de hidrógeno y que
formaran todas las estrellas con todas las moléculas
disponibles en esta primera
fase todas las estrellas serian de moléculas de
hidrógeno y en el proceso de
vida de la estrella se cocinarían los átomos de los
distintos componentes de la
tabla periódica.

El universo esta vivo y hay una cantidad muy
grande de componentes
moleculares que se convierten en energía, la cual se
disipa, por ejemplo las
estrellas y que, si el universo no la repusiera, ya se
habría consumido del todo,
para evitar esto el proceso de creación de átomos
de hidrógeno deberá de seguir
funcionando, apareciendo átomos de hidrógeno
continuamente en diversos lugares
del universo, seguramente el universo tendrá un
mecanismo para detectar las
zonas de baja densidad para repoblarla generando
átomos de hidrógeno de una
manera automática o simplemente se estarían
generando átomos de hidrógeno
siempre en una cantidad fija, y las estrellas que se
crearan con esos excesos de
átomos, serian las encargadas de equilibrar el
universo con sus disipaciones de
energía.

RESUMEN

Se ha generado otro BIG BANG dentro del actual, esto aclara las lecturas del telescopio.

AGUJEROS NEGROS

Esta aceptada la existencia de los agujeros negros, si una estrella tiene una gravedad tan grande que comprime el éter del interior de la estrella, dificultando de alguna manera la circulación de los fotones por el mismo, los fotones que circulan se pueden ir acumulando, un fotón no se puede comprimir, y si no se libera esa compresión del éter no pueden salir y la estrella deja de emitir luz y oscureciéndose totalmente, convirtiéndose en un agujero negro.

La única manera que tiene la gravedad de influir en la luz es sobre su soporte, que es el éter, y es concluyente, la gravedad de alguna manera afecta al éter, modificando la fluidez del movimiento de los fotones.

Esta conversión no se realiza instantáneamente; según la estrella va aumentado su densidad, puede llegar a un punto en el que se van realizando cambios en su luminosidad lo cual debe ser visible a un observador, en su camino a convertirse en agujero negro e ir aumentando su densidad según vaya fagocitando otros cuerpos estelares, en este punto es cuando aparecen los pulsares, que yo pienso que son agujeros negros en proceso de creación. Cuando he leído la definición de un pulsar, no me podía creer que una estrella por muy densa que fuera, girara a mas de 60.000 revoluciones por minuto y que no fuera destruida por la fuerza centrifuga y que en su superficie hubiera algo muy luminoso y que se mostrara una vez por giro; no era creíble.

Pienso que un pulsar en un agujero negro en estado de creación, me explico; cuando una estrella esta aumentando su densidad como resultado de ir fagocitando otro cuerpos estelares y su gravedad aumenta hasta el punto que su horizonte de eventos se sitúe a distancia del cuerpo de la estrella, esto tiene que afectar al éter por el que esta circulando la radiación de la

luminosidad de la estrella,
no sé el mecanismo, pero si puedo observar el resultado, algo parecido a lo que
ocurre cuando se rompe la barrera del sonido, se va acumulando el éter pero
sigue avanzado hacia el exterior de la estrella y cuando supera el horizonte de
eventos, se libera el éter y el resultado es un fogonazo, mejor dicho, un
fotonazo.

Cuanto mas lejos se vaya situando el horizonte de eventos mas lento se
vuelve el pulsar, hasta si esta lo suficiente lejos, el éter no llegara nunca a
alcanzarlo y en ese momento se confirma la creación del agujero negro. Es solo
una teoría, creo que es razonable.

EXPANSIÓN DEL UNIVERSO

La noticia de que el universo se estaba expandiendo de una manera acelerada,
se extendió por todo el mundo y fue aceptada de inmediato, principalmente por
motivos religiosos pues pensaban que eso convertía al BIG BANG en un evento
único y podría ser interpretado como el acto de la creación, a nivel religioso.

Asumo que la aceleración esta confirmada por observaciones fehacientes.

En la vida del universo no puede haber un evento único, todo tiene que ser
repetitivo, si no fuera así el universo no existiría, se habría acabado hace
mucho tiempo.

En el universo todo gira, estrellas, planetas, galaxias, electrones,
protones etc...., seria lógico pensar que el mismo universo también gira, con ello
ya tendríamos resuelto el tema de la aceleración, pues se generaría una fuerza
centrifuga que justificaría la aceleración observada.

REFERENTE AL CERN.LHC

Según comunica el CERN, se han acelerado bloques de protones a casi la
velocidad de la luz, en ambas direcciones y se los han hecho colisionar, para
encontrar nuevas partículas, saben lo que se seduce de esto "LA SEGURIDAD
ABSOLUTA DE QUE LOS PROTONES NO TIENEN MASA", porque si tuvieran masa al
colisionar, hubieran disipado tal cantidad de energía que habrían erosionado
físicamente todo el LHC y otra consideración, si los protones tuvieran masa,

hubiera sido muy, muy difícil y tomado muchísimo
tiempo y energía acelerarlos
a la velocidad cercana a la de la luz.

Este sería un buen procedimiento para averiguar
si una partícula tiene masa;
si se la puede acelerar a una velocidad cercana a la
de la luz con facilidad,
significa la carencia de masa.

Hay algo que debería intentar el CERN, y es
acelerar una molécula, podría
ser la mas simple, la de hidrógeno que estaría
formada por dos átomos o quizás
la de agua, por tres, por ser más popular si consigue
acelerarla, creo que seria
uno de los avances más importantes en toda
historia de la ciencia y confirmaría
la utilidad del LHC.

Por ejemplo, según las dificultades que
encontremos al acelerar una
molécula de agua, podríamos averiguar si la
molécula tiene masa, doy por hecho
que no tiene masa pero si tiene peso, pues está
bajo el control de la gravedad,
esto da pie a muchas investigaciones posteriores.

Tengo una sospecha tremenda, si los protones no
tienen masa y son solo una
partícula eléctrica vibrante, cuando colisionan lo

que producen son pequeños
trozos o armónicos vibrantes y chispas, de ninguna manera, partículas
identificables, es decir; chispas, se han identificado muchos de estos trozos
como partículas a las que se han puesto nombres con la intención de justificar
la existencia del LHC, pero han creado unas cuantas partículas a las que las han
asignado unas propiedades ficticias, me estoy refiriendo a los quark, bosones,
tetraquark y otras, espero estar equivocado.

Me ha llamado la atención de que se haya desarrollado la física de
partículas sin tener en cuenta el éter del espacio, por donde circulan los
fotones, tienen acomodo los átomos y es el soporte de las líneas de fuerza etc...
y que se ha asumido su existencia a pesar de que no se haya confirmado la misma
de una manera fehaciente y como se hecha en falta se quiere sustituir por algo
llamado campo, seria más lógico ver la manera de confirmar su existencia o
deducirla.

LA DILATACIÓN DEL TIEMPO

El tiempo discurre en todo el universo por igual, no se puede dilatar en un

espacio determinado, se imagina a alguien o a algo, que en un sitio determinado
del universo, por el resultado de una formula audaz, diera el resultado que un
objeto dilatara el tiempo, ¿se dilataría en todo el universo o solo en el
entorno del evento?, el tiempo es intocable y nada ni nadie puede modificarlo
pues es intangible, transcurre imparable.

La modificación del tiempo de un objeto que se mueva cerca de la velocidad
de la luz, no es aplicable, el cuento de que una persona que viaje por el
espacio durante un tiempo prolongado y que al regresar a la tierra se encuentre
que pasado mucho mas tiempo del que él ha estado fuera, es una fantasía y no es
verdad, el tiempo es el mismo para la persona que ha estado viajando que para el
tiempo de la tierra.

ERRORES DE POSICIONAMIENTO DEL GPS

Los receptores GPS mejoran la precisión comparando la señal de los satélites
con la posición de las antenas terrestres que es de sobra conocida con máxima
precisión. Siempre que el receptor GPS estacionario detecte las mismas señales,
de satélite que su receptor GPS puede enviarle

datos de corrección basados en su
ubicación exactamente estudiada.

Hay una posible solución a los errores de posicionamientos del GPS, se asume que las señales del GPS se mueven a la velocidad de la luz, ¿y si no fuera verdad y la señales no se movieran a la velocidad de la luz? se ha aceptado la velocidad de la luz como una constante universal, pero creo que la velocidad a que se mueven las señales del GPS depende de la frecuencia de la señal que posiblemente sea diferente a la velocidad de la luz, y que esa diferencia sea la culpable de los errores de posicionamiento del actual GPS y su precisión limitada en metros, cuando debería ser de milímetros.

UN POCO DE FANTASÍA.

Si llegáramos a averiguar como funciona el interior de la molécula y pudiéramos modificar alguna de sus características, por ejemplo su conexión con la gravedad, podríamos fabricar algo de hierro que pesara como si fuera aluminio o fantaseando, un algo casi ingrávido.

JTL

jtl001403@gmail.com

Publisher: BoD · Books on Demand, Calle de Manzanares,
4, 28005 Madrid, bod@bod.com.es
Print: Libri Plureos GmbH, Friedensallee 273,
22763 Hamburg (Alemania)
ISBN: 978-84-1373-434-7